我最想要的
创意小手工

可爱布手工

郑 俐 / 著

U0286937

清华大学出版社
北 京

图书在版编目（CIP）数据

可爱布手工／郑俐著 . -- 北京：清华大学出版社，2014
　（我最想要的创意小手工）
ISBN 978-7-302-37284-4

Ⅰ . ①可… 　Ⅱ . ①郑… 　Ⅲ . ①布料－手工艺品－制作－少儿读物 　Ⅳ . ① TS973.5-64

中国版本图书馆 CIP 数据核字（2014）第 160000 号

责任编辑：苗建强
封面设计：张馨阳
版式设计：管　旭
责任校对：王志娟
责任印制：刘海龙

出版发行：清华大学出版社
　　　　网　　　　址：http://www.tup.com.cn，http://www.wqbook.com
　　　　地　　　　址：北京清华大学学研大厦 A 座　邮　　编：100084
　　　　社　总　机：010-62770175　　　　　　邮　　购：010-62786544
　　　　投稿与读者服务：010-62776969, c-service@tup.tsinghua.edu.cn
　　　　质 量 反 馈：010-62772015, zhiliang@tup.tsinghua.edu.cn
印 装 者：北京尚唐印刷包装有限公司
经　　销：全国新华书店
开　　本：185mm×260mm　　　　印　张：3.75
版　　次：2014 年 9 月第 1 版　　　印　次：2014 年 9 月第 1 次印刷
定　　价：19.80 元

产品编号：060112-01

目　录

花布收纳碗

材料准备：花布、报纸、胶水、保鲜膜、剪刀、丝带、针线、碗

1 在大碗表面包裹上保鲜膜。

2 把花布剪成长短、宽窄不同的布条。

3 在布条正面（图案比较清楚的一面）抹上胶水，然后粘贴在包有保鲜膜的大碗上。

4 把布条交错着贴满大碗表面。

5 把报纸裁剪成长方形小片，抹上胶水粘贴在布条层上。（小提示：粘贴报纸片是为了让收纳碗更有硬度。）

6 在报纸层表面再粘贴一层布条，注意粘贴这一层时胶水要抹在布条的背面（图案不清晰的一面）。

7 把粘贴好的收纳碗放在阴凉的地方晾干，然后将玻璃碗取出，并撕掉碗内部残留的保鲜膜。

8 把丝带打成蝴蝶结状，用剪刀将两端剪成燕尾形状。

9 用针线将蝴蝶结缝在收纳碗边缘，可爱的花布收纳碗就做好了，用来收纳小文具很实用哦！大家快来一起做吧！

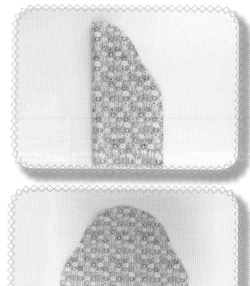

好大一个梨

材料准备： 花布、PP 棉（可用棉花代替）、针线、剪刀

① 把布对折，剪成图中的样子。（小提示：剪两块同样大小的布，可剪两块同色布，也可剪两块不同色的布。）

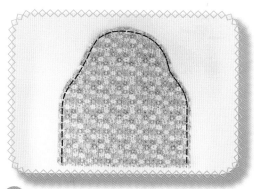

② 将两块布正面叠在一起，按图中所示的样子沿边缝平针。

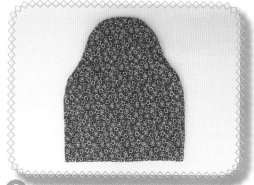

③ 把缝好的布袋正面翻出来。

④ 在布袋中填入 PP 棉，并在开口处用针线缝一圈。

⑤ 收紧线绳，将大梨底部完全缝合。

⑥ 剪出两片同样大小的布叶子。

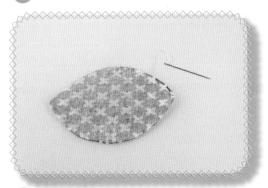

⑦ 把布片正面重叠在一起，沿边缝平针。（小提示：留一个小口用来填充 PP 棉。）

⑧ 将叶子翻过来，填充 PP 棉后将开口缝合。

⑨ 把长方形布片折叠后卷成圆柱，并将开口缝合做成梨把儿。

⑩ 把梨把儿缝在大梨顶端。

⑪ 最后把叶子缝上去，可爱的大梨抱枕就做好了。

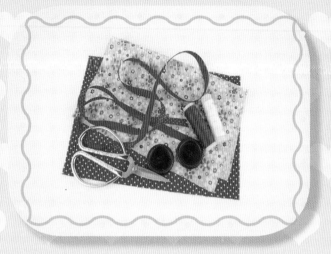

小鱼笔袋

材料准备：花布、丝带、大扣子、针线、剪刀

1 裁剪出两块花色不同的布，一块长24厘米，宽12厘米；另一块长24厘米，宽16厘米。

2 将两块花布背面向外对齐一边，然后将对齐的边缝合。

3 把缝好的花布展开，将粉色花布向背面折叠后约3厘米，然后在黑色点线标示的位置缝合。

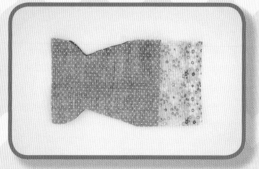

4 把缝好的布块纵向对折剪成小鱼的形状，然后将鱼身缝一圈边。

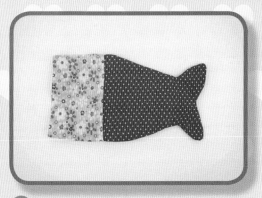

5 把鱼形布袋翻过来。

6 把粉色花布侧边剪一个小口。

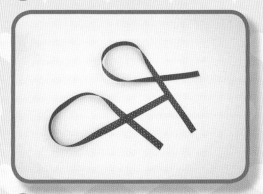

7 剪两段丝带。

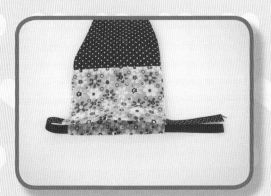

8 把一段丝带按图中的样子穿入鱼嘴处的宽缝中。

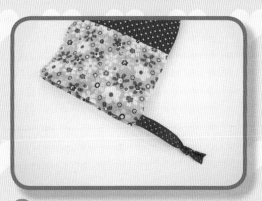

9 把丝带两端对齐后打结。

10 将另外一段丝带从相反方向穿过鱼嘴，两端对齐后打结。

11 在鱼身两侧各缝一颗大扣子。瞧！可爱的布袋小鱼就做好了。

12 拉紧抽绳，鱼嘴就可以闭上哦！快把你的笔都装进去吧！

7

卵石坐垫儿

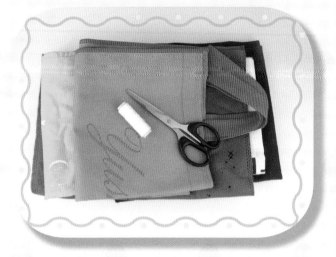

材料准备：无纺布购物袋、剪刀、针线、太空棉（可用棉花代替）

1 把无纺布购物袋剪成大小不一的圆片。

2 用针线在圆片边缘缝一圈。

3 抽紧线绳使布片变成小碗的形状。

4 在小碗中填充太空棉。

⑧ 最后将边缘的卵石缝得散乱一些，让坐垫看上去更自然。

⑤ 把线绳完全抽紧，并在开口处多缝几针，一个椭圆形卵石就诞生了。

⑥ 用同样的方法缝出大小、颜色各不相同的卵石。

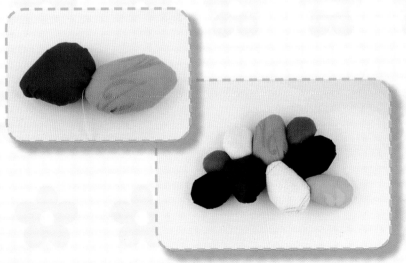

⑦ 把卵石并在一起，用针线将侧面缝合。

9

水果杂物袋

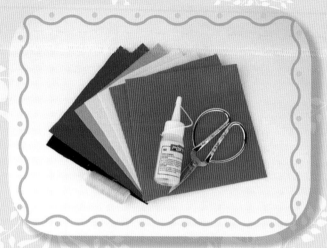

材料准备：各色不织布、剪刀、
针线、不织布胶水

① 剪出两个草莓形状的不织布片。

② 将其中一个草莓布片的上端剪掉，再
剪出一个绿色叶子备用。

③ 用白线将两个布片缝合在一起。

④ 用不织布胶水把叶子和白色小圆
点粘贴在草莓布片上，草莓储物
袋就做好了。

5 用同样的方法缝出菠萝形状的袋子。

8 用棕色不织布条把三个储物袋连接在一起。

6 在菠萝储物袋上粘贴叶子和花纹。

9 把棕色不织布剪成钥匙形状，并用胶水粘贴在菠萝的背面。

7 用同样的方法再制作一个橙子储物袋。

10 等胶水干透后，水果杂物袋就可以挂起来使用了。

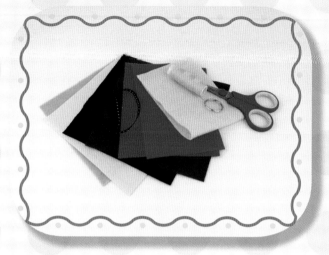

娃娃钥匙套

材料准备：各色不织布、丝带、剪刀、针线、钥匙环、PP棉（可用棉花代替）

1 用深棕色和肉色不织布分别剪出娃娃的头发和脸。

2 把头发与脸缝合在一起。

3 用黄色线在娃娃头发上缝出线条。

4 把娃娃的头与棕色不织布重叠在一起，剪出一个与娃娃的头同样大小和形状的棕色布片。

5 把娃娃的头与棕色不织布片缝在一起。（小提示：缝合时，头顶中央要留一个约1厘米的缺口不缝，下巴处留一个3~4厘米的缺口不要缝合。）

6 剪两个黑色圆片和两个粉色圆片，用白色线缝在娃娃的脸上。再用黑色线缝出娃娃的鼻子和嘴巴。

7 剪两个红色圆片，用针线缝边。（小提示：缝合时留一个缺口。）

8 从缺口处填入PP棉后，再将开口缝合。

9 制作两个圆形小装饰缝在娃娃的发髻上。

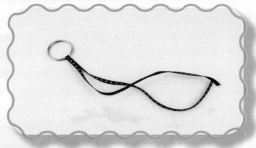

10 把丝带穿过钥匙环**对折**，然后用针线将丝带缝合固定在钥匙环上。

11 把丝带从娃娃下巴缺口处穿入，再从娃娃头顶穿出。

12 在丝带顶端缝上一个填入PP棉的圆饼，娃娃钥匙套就做好了。

我是·小·龙女

材料准备：不织布、PP 棉、
旧发卡、针线、
剪刀

① 剪出 4 个同样大小的龙角形不织布片。(其中淡粉色两个，深粉色两个。)

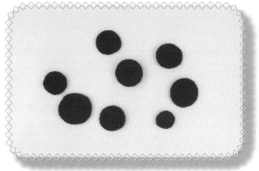

② 把紫色不织布剪成大小不一的若干个圆片。

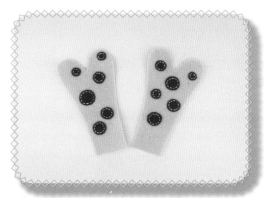

③ 把圆片错落有致地缝在两个淡粉色龙角布片上。

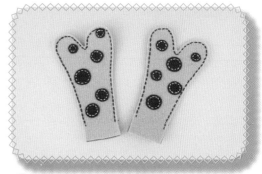

④ 把淡粉色布片和深粉色布片重叠在一起缝边，注意龙角下端要留出开口。

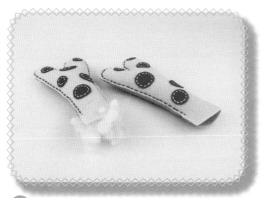

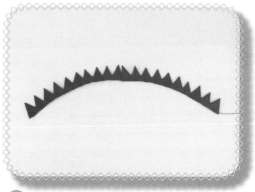

5 从龙角开口处填入 PP 棉。

8 用针线在紫色布条直边缝一道平线。

9 抽紧线绳，使布条变成一朵小花的样子。

6 把龙角缝合在旧发卡上。

10 把小花套在龙角上，并用针线固定好，可爱的小龙女头饰就完成了。戴上它，你一定是狂欢节上最炫目的小明星。

7 按图中的样子，剪出 4 个紫色布条，并将布条一侧剪成锯齿状。

爱心·风铃

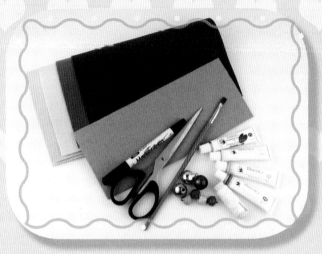

材料准备： 不织布、硬纸板、
记号笔、剪刀、
水彩笔、颜料、
针线、小铃铛

1 把不织布剪成宽约 1.5 厘米的小条。

2 把不织布条对折，并用针线将短边缝住。

3 把缝好的不织布圈向内翻转。

4 把布圈一边用力捏出棱角，一颗"心"就做好了。

5 用同样的方法制作出大小、颜色不同的不织布心形 10~20 个。

6 用细线把大小不一的"心"穿在一起，并在下端绑上小铃铛。

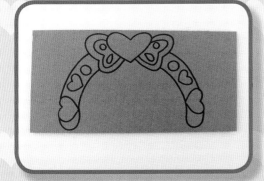

7 用勾线笔在硬纸板上画出风铃架。

8 把风铃架沿线剪下来。

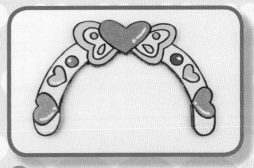

9 给风铃架涂上自己喜欢的颜色。

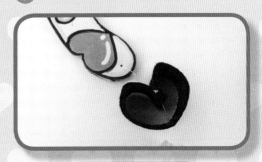

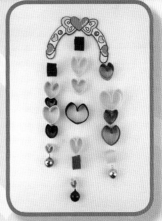

10 在风铃架两端戳出小洞，并把串好的不织布心形绑在上面。

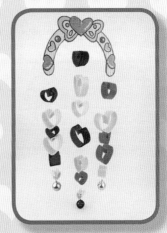

11 最后在风铃架顶部绑一根线绳，就可以把风铃挂起来了。

17

吉祥鱼抱枕

材料准备： 无纺布手提袋、水粉笔、丙烯颜料、剪刀、针线、PP棉（可用棉花代替）

1 把无纺布袋剪开，得到两个长方形大布片。

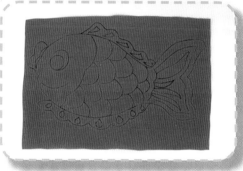

2 用勾线笔在长方形不织布上画出小鱼图案。

3 把两块布重叠在一起，沿轮廓线将小鱼图案剪下来。

4 用针线将小鱼图案边缘缝边，在鱼头处留一段不要缝住。

5 从开口处填入 PP 棉。

6 将开口缝合。

7 在鱼嘴、鱼尾、鱼鳍处缝上明线。

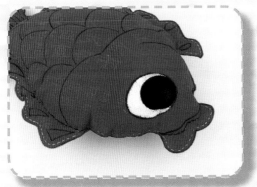

8 用白色和黑色丙烯颜料画出小鱼的
眼睛。

9 用黄色丙烯颜料画出鱼鳞。

10 最后画出小鱼身上的花纹，等颜料干
透后小抱枕就可以使用了。

布艺小·提篮

材料准备：花布、粗绳、针线、
　　　　　剪刀

1 把花布剪成同样宽度的布条。

2 把不同花纹的布条用针线首尾相接
缝合在一起。

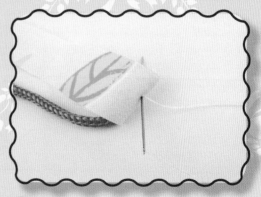

3 把缝好的布条一端卷在粗绳子上，
用针线缝合固定。

4 把布条卷在线绳上，要卷紧一些。

8 最后缝上小提手，布艺小提篮就做好了。

5 根据小提篮的大小，准备好需要的布绳。

6 把布绳盘成圆饼状，用针线缝合，让布绳牢牢连接在一起。

7 盘旋着缝合出小提篮的主体。

"福"字中国结

材料准备： 不织布（可用稍厚一些的棉布代替）、PP棉（可用棉花代替）、针线、剪刀

1 用中性笔或铅笔在红色正方形不织布上画出中国结的图案。（小提示：可以按照上图的样子画，也可以发挥你的想象画出更新颖有趣的中国结样式哦！）

2 把两块不织布重叠在一起，剪出两个同样大小的中国结布片。

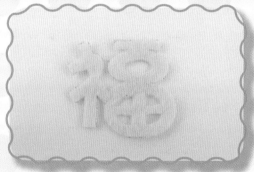

3 在黄色不织布上写出"福"字，并把"福"字剪下来。

4 把黄色的"福"字用针线缝在中国结中间。

5 把两个中国结布片重叠在一起，用黄色线沿菱形缝边。（小提示：缝合时需要留一个开口用来填充 PP 棉。）

9 在穗子上端缝一块红色不织布条。

6 把 PP 棉从开口处填入，并将开口缝合。

7 把黄色长方形不织布一侧剪成细条。

10 把穗子缝在中国结下端，并在上端缝一根对折的细绳。

8 把黄色不织布从一端卷起，并将开口处缝合做成穗子。

11 最后用红色线将中国结周边的红色盘扣部分全部缝一圈，一个"福"字中国结就完成了。

海的女儿

材料准备：白布、油性勾线笔、丙
烯颜料、针线、PP棉（可
用棉花代替）、水粉笔、
剪刀

① 剪两块同样大小的长方形白布片。

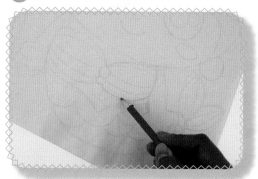

② 用铅笔在其中一块白布上画出人鱼公
主的形象。

③ 用油性笔勾线。

④ 将第二块布平铺在第一块布上，用
铅笔描出人鱼公主的外轮廓线，然
后画出后背的样子。

5 用油性笔勾出线条。

6 用丙烯颜料给人鱼公主涂上漂亮的颜色，然后用剪刀将图案剪下来。（小提示：剪图案时要在人鱼公主轮廓外留出约1厘米宽的白边。）

7 把两片布反面向外重叠在一起缝边，注意人鱼尾部需留下一个填充口。

8 把缝好的布套翻过来。

9 在布套中填充PP棉。

10 把开口缝合，可爱的人鱼公主抱枕就做好了。

"囧"字娃娃

材料准备：麻布、花布、针线、
PP 棉（可用棉花代
替）、线绳、丝带、
剪刀、勾线笔

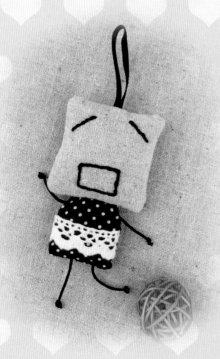

1 剪两个长方形麻布片和两个长方形
花布片。

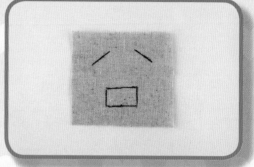

2 用勾线笔在其中一个麻布片上画出
"囧"字脸。

3 用针线缝出线条。

4 剪一小段黑色丝带，把丝带对折后用
针线缝在娃娃头顶。

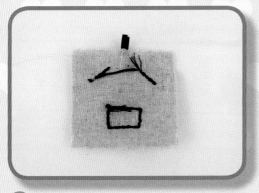

5 把两个麻布片重叠在一起缝边，正面要缝在内侧。（小提示：缝边时不要完全缝住，留一个用来填充 PP 棉的小口。）

6 把缝好的布片翻过来，从小口处填入 PP 棉，然后将开口缝合。

7 按同样的方法缝出娃娃的身体。

8 把娃娃的身体和头部缝合在一起。

9 剪 4 段线绳，在线绳一端打结，然后把线绳分别缝在娃娃身体两侧和下端。"囧"字娃娃就完成了。

小熊杯垫

材料准备： 不织布、针线、剪刀、PP 棉（可用棉花代替）、勾线笔

1 按图中所示，剪出所需部件。

2 把小熊头部的部件用平针缝在棕色布片上，再用勾线笔画出小熊的鼻子和嘴巴。

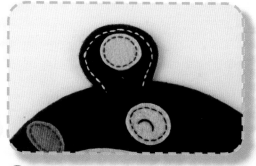

3 把两个熊头布片重叠在一起，用平针在耳朵边缘缝边。

4 在两只耳朵中填入 PP 棉，然后把小熊头部边缘完整地缝一遍。

5 剪两个同样大小的蝴蝶结形布片。

6 把两个布片重叠在一起缝边。（小提示：缝合时，先留一个小口，填入PP棉，然后再缝住开口。）

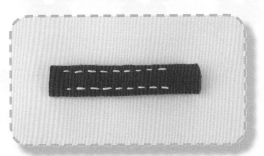

7 在一个布条两边缝出两条平线。

8 把处理好的布条缝在蝴蝶结中间。

9 最后把蝴蝶结缝在小熊头顶，可爱的小熊杯垫就做好了。

可爱的小·章鱼

① 把无纺布手提袋剪开，剪出一个圆形和两个花朵形状。

材料准备： 无纺布手提袋、PP棉（可用棉花代替）、针线、剪刀、勾线笔

② 用针线在圆形布片边缘缝一圈。

③ 抽紧线绳，让圆形布片变成小碗状，然后填入 PP 棉。

④ 把线绳缝紧，小·章鱼的头部就做好了。

5 把两个花朵形布片重叠在一起，用黄色线缝边，留出一个开口，填入PP棉。

9 剪出一朵小花缝在小章鱼头顶。

6 把开口缝住，小章鱼的爪子就做好了。

10 用勾线笔在小章鱼的爪子和头顶画一些大小不一的圆圈，可爱的小章鱼就做好了。

7 把小章鱼的头部和爪子缝合在一起。

8 剪出眼睛和嘴巴，缝在小章鱼头部。

自己做手套

材料准备： 旧针织衫或旧毛衣、毛线、针线、剪刀、粉笔

① 把双手手掌向下平放在毛衣上，请爸爸或妈妈帮忙用粉笔画出双手的轮廓线，然后用剪刀剪下来。（小提示：轮廓要画得比手大一些哦！左手和右手各剪出两片，剪的时候要注意正反。）

② 分别将左手和右手的两片针织面料沿边缝合在一起。

③ 把缝好的手套翻过来。

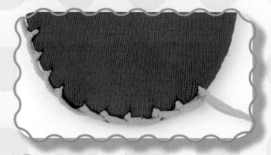

④ 用绿色毛线给手套锁边。

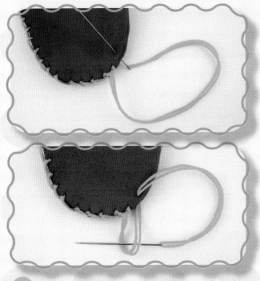

7 把针织面料的边角剪成圆形。

5 锁边方法：在粗针上穿上毛线，把粗针从手套下边向上穿过，留下一个毛线圈，再把针从毛线圈中穿过，拉紧毛线，就锁好了一小段。

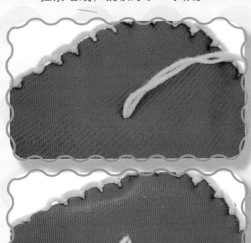

8 在圆形边缘缝出毛线小圈，沿边缝合一圈，一朵毛线小花就完成了。

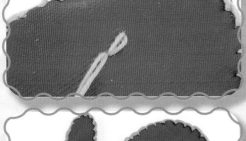

9 最后，把毛线小花缝在手套上，旧衣服就变成漂亮的新手套喽！

6 将针从手套内侧向外穿出，然后缝出小雪花的图案。（小提示：小雪花是缝在手套一片布上的，千万不要将两层缝合在一起哦！）

可爱布娃娃

材料准备：白布、花布、丙烯
颜料、油性勾线笔、
针线、剪刀、太空
棉（可用棉花代替）

1 用油性笔在白布上画出自己喜欢的娃娃图案。

2 把娃娃剪下来。

3 把剪好的娃娃图案放在另一块白布上，剪出同样形状的另一块布片。

④ 在布片上画出娃娃的后背图案。

⑤ 给两块娃娃布片涂上你喜欢的颜色。

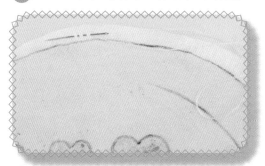

⑥ 将两块布片正面向内重叠，用针线
缝边，注意缝边时在头顶留 8 厘米
左右的填充口。

⑦ 从填充口处将娃娃布套翻过来，并
填入太空棉。

⑧ 最后把娃娃头顶的开口缝合，可爱
的布娃娃就做好了。

乖乖龙书签

材料准备：各色不织布、PP棉（可用棉花代替）、针线、剪刀、勾线笔

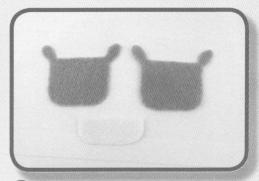

1 按图中的样子，剪两个橘色布片和一个白色不织布片。

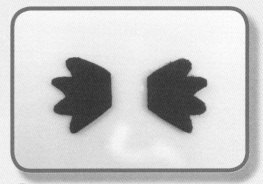

2 剪出小龙的红色鬃毛。

3 按图中的样子，把白色布片缝在一个头部布片上，把红色布片缝在另一个头部布片上。

4 剪出眼睛和脸蛋，并缝在合适的位置上。

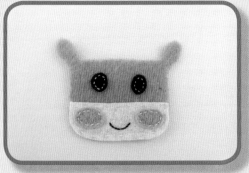

⑤ 用勾线笔画出小龙的嘴巴。(小提示：你也可以尝试用黑色线缝出嘴巴。)

⑥ 把两个头部布片重叠在一起，用黄色线缝边，注意在下巴处留出开口。

⑦ 把黄色和红色不织布剪成长条形，用针线按图中的样子缝合在一起。

⑧ 在下巴处填入 PP 棉。

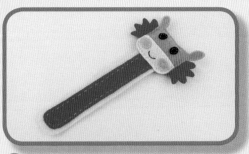

⑨ 把缝好的长条形不织布条塞入下巴处，并用针线将其缝合。

⑩ 剪两块龙角形状的红色不织布，并用针线缝边，注意留出开口。

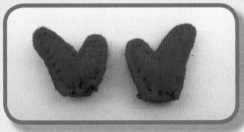

⑪ 在龙角中填入少量 PP 棉，并将开口缝合。

⑫ 最后，把龙角缝到小龙的头顶，可爱的乖乖龙书签就完成了。

可爱小·福袋

材料准备：不织布、丝带、剪刀、针线、扣子、中性笔

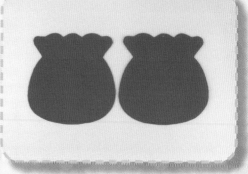

1 把两块红色不织布重叠在一起，剪出两个同样大小的福袋布片。

2 剪一个黄色正方形不织布片，用中性笔在布片上写出空心的"福"字。

3 把"福"字剪下来。

4 把剪好的"福"字缝在其中一个福袋布片上。

5 剪一个黄色圆圈并缝在福袋上。

8 剪一个红色水滴形不织布片，并在不织布片的一端剪一个小口。

9 把小扣子缝在福袋前片的上端，把水滴形不织布片缝在福袋后片的上端。

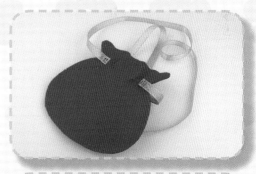

6 在福袋布片上各缝出两个褶皱。

7 把两个不织布片沿边缝合在一起。

10 最后，把丝带缝在福袋的背面。可爱的福袋小包就制作好了。

小·笼包子

2 剪几块深棕色的不织布布条。

3 在不织布布条上抹少量胶水，粘贴在桶的外侧。

材料准备：不织布、针线、爆米花桶、剪刀、不织布胶水、太空棉

4 在桶的内侧也粘贴上不织布条。笼屉就做好了。

1 把爆米花桶的底部剪下来。

5 按图中的样子，在笼屉上缝两圈平线，把不织布布条和桶缝合在一起。

6 剪一个土黄色的圆形不织布片，大小要与桶的底面相同。

7 剪一些棕色不织布条缝在圆形布片上。

8 把缝好的圆片放入笼屉。

9 剪一个圆形的白色不织布片，用针线沿边缝一圈。

10 抽紧线绳，使不织布片变成碗状。

11 在小碗中填充太空棉，并收紧开口，缝合牢固。

12 剪一些土黄色的小星星，粘贴（或缝合）在包子的开口处。用同样的方法多制作几个包子，然后把它们放入笼屉，香喷喷的小笼包子就做好了。

沙发纸巾套

材料准备： 不织布、纸巾、PP棉、
剪刀、针线、不织
布胶水

1 剪一个正好能把纸巾包住的紫色不织
布片。

2 把不织布向中间卷起，用针线缝住中
缝。（小提示：中间一段不要缝哦，
留下一个小口用来抽出纸巾。）

3 把侧面部分按图中的样子折叠。

④ 将上片压住下片，并缝合开口处。

⑤ 剪两个长方形紫色布片和四个圆形黄色布片。

⑥ 将两个紫色不织布片卷成圆筒，并将接口处缝合。

⑦ 把黄色不织布片缝在圆筒底面。

⑧ 把 PP 棉从另一端填入圆筒，并将另一个圆片缝在开口上。

⑨ 按缝制圆柱扶手的方法制作出小沙发的靠背。

⑩ 把扶手和靠背缝在底座上。

⑪ 最后给小沙发粘贴出漂亮的花纹。

我的小·马跑得快

材料准备：各色不织布、毛线、针线、勾线笔、PP棉

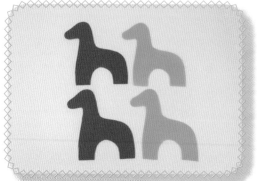

1 剪出4个同样大小的小马形不织布片。

2 取一个玫红色和一个蓝色布片叠在一起缝边，注意先不要缝合马背。

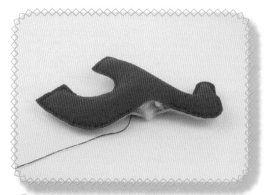

3 从马背上的开口处填入PP棉。

4 将开口用针线缝合。

5 将另外两个布片按同样方法缝合，两个立体小马就完成了。

6 把两个立体小马并在一起，从尾部起用线缝合。

7 从尾部起缝合至胸部，这时小马就可以站在桌面上了。

8 把毛线剪成小段，对折后用针线缝在小马尾部。

9 把毛线小段缝在小马头顶和背部。

10 剪一对三角形耳朵缝在小马头顶。

11 最后，用油性勾线笔画出小马的眼睛和腿上的小点，可爱的小马玩偶就做好了。

小·狮子 ♥

材料准备： 不织布（可用无纺布手提袋代替）、毛线、针线、棉花、剪刀、彩色铅笔

1
按图中所示，剪出所需部件。

2
剪出土黄色鼻子和深棕色鼻头。

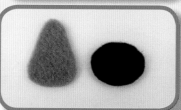

3
把鼻子和鼻头缝在一个脸形布片上。

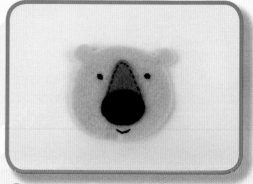

4 用勾线笔画出眼睛和嘴巴。

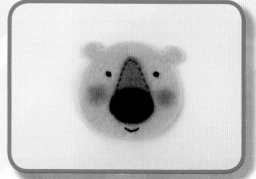

5 用彩色铅笔画出小狮子的脸蛋。

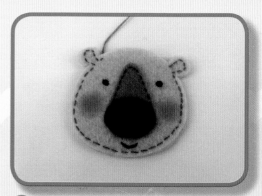

6 把两个脸形布片重叠在一起缝边，注意在头顶留出缺口。

7 从开口处填入棉花然后缝合。

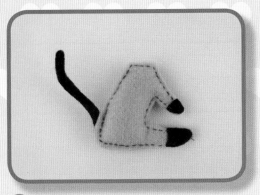

⑧ 按同样的方法制作出小狮子的身体。

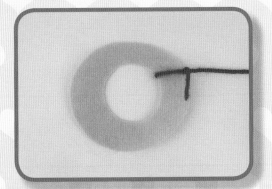

⑨ 把橘色毛线一端绑在圆环形布片上。

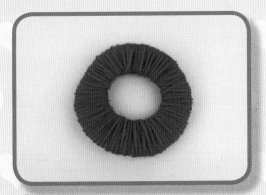

⑩ 将橘色毛线一圈圈缠绕在圆环上。

⑪ 把黄色毛线缠绕上去，做出漂亮的花纹。

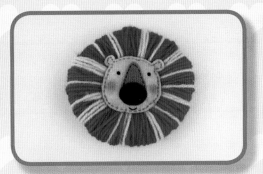

⑫ 把小狮子的头与鬃毛缝合在一起。

⑬ 再把身体缝上去。

⑭ 把橘色和黄色毛线剪成小段，用细线绑住中部做成小毛球。

⑮ 把小毛球缝合在小狮子尾巴上，可爱的小狮子玩偶就完成了。

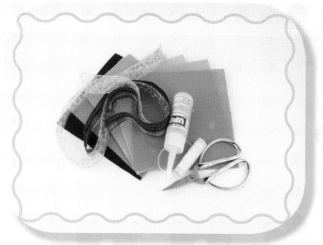

穿裙子的小·老鼠

材料准备：不织布、丝带、针线、
剪刀、不织布胶水、
PP 棉（或棉花）

1 剪一块正方形不织布。

2 将正方形不织布片对角对折，然后用
针线把一条直边缝合。

3 把三角形布套翻过来。

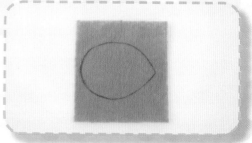

4 把布套按图中的样子摆放在另一块不
织布上，用笔画出底边轮廓线。

⑤ 把底面图案剪下来。

⑥ 把底边布与三角形布套沿边缝合，注意要留下一个开口，不要完全缝合。

⑦ 从留下的小口处填入 PP 棉，然后将开口缝合。

⑧ 剪出小老鼠的耳朵和眼睛，用不织布胶水粘贴在小老鼠头部。

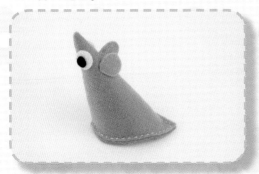

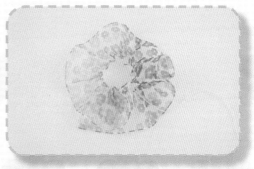

⑨ 剪一段丝带，用针线把丝带一侧缝边，然后将线绳拉紧，我们就得到了小老鼠的纱裙。

⑩ 把纱裙粘贴在小老鼠腰间。

⑪ 按同样的方法，再粘贴一层裙子。

⑫ 最后，剪一条绿色不织布条，粘贴在裙子上边缘，并在小老鼠身后粘贴一个可爱的蝴蝶结。

牛仔裤变身鱼包包

材料准备：旧牛仔裤、花布、丙烯颜料、针线、剪刀、水粉笔、PP棉

③ 沿图中所示的点线将小鱼的身体缝住。

④ 把鱼包包翻过来，在鱼尾处缝5条点线。

① 把旧牛仔裤的裤腿剪下来。

⑤ 剪两个大小相同的鱼鳞形花布片。

② 按图剪出小鱼的形状。

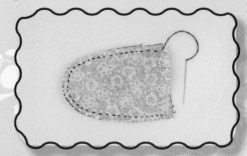

⑥ 把两个鱼鳞形布片叠在一起，按图中所示将弧线边缝住。

50

7 把布袋翻过来，在袋里填入少量PP棉，然后将开口缝合。

8 用同样的方法制作 10 个鱼鳞布片。

9 把鱼鳞布片从鱼尾部开始一个个缝在鱼包包上。（小提示：鱼鳞布片要缝在鱼包包的一侧，如果把两块布都缝上包包就打不开了。）

10 在做好的鱼鳞边缘缝一条花边。

11 用丙烯颜料画出小鱼的眼睛和脸蛋。

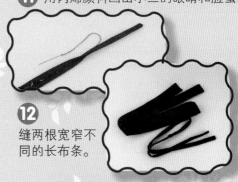

12 缝两根宽窄不同的长布条。

13 在鱼嘴边缘的裤边内侧剪一个小孔，把长布条穿进去。

14 收紧布条，并把布条首尾连接用针线缝在一起。

15 把宽布条两端缝在鱼的背面，鱼包包就做好了。

精灵娃娃

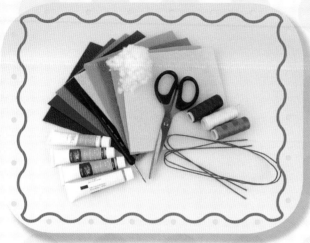

材料准备： 不织布、PP 棉（可用棉花代替）、剪刀、针线、粗铁丝、颜料、勾线笔

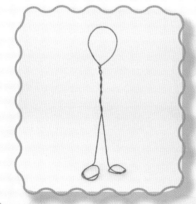

① 把铁丝拧成图中的样子做成娃娃的骨架。

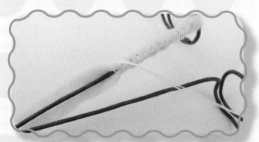

② 剪两根肉色不织布条，分别包裹在铁丝人的腿部，并用针线将其开口缝合。

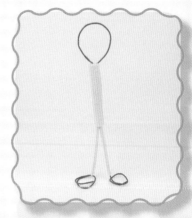

③ 剪一块长方形肉色不织布，缠绕在铁丝人的身体上，并用针线缝合开口。

④ 剪两个圆形不织布片。

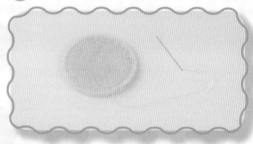

⑤ 将两个布片叠在一起，沿边缘缝合。（小提示：要留一个小口用来填充PP 棉哦！）

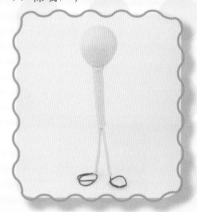

⑥ 把缝合好的布片翻过来套在铁丝人的头部，并从开口处填入 PP 棉，使头部圆润饱满。填充好后，用针线将头部与身体缝合。

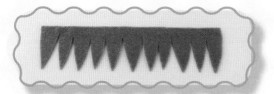

7 把绿色不织布剪成叶子的样子。

8 用针线将叶子的直边缝平针，抽紧线绳后做成裙子。

9 把裙子缝在娃娃的身体下端。

10 用同样的方法，在娃娃身上由下往上缝4~6层叶子。

11 把棕色不织布对折，沿折线边剪成细条。

12 剪好后，用针线将直边缝平针，抽紧线绳后做成头发。

13 把做好的头发缝在娃娃的头部。

14 给娃娃缝上红色的鞋子。

15 用黄色不织布做一颗星星缝在娃娃头顶，用颜料给娃娃画上眼睛、嘴巴和脸蛋，可爱的精灵娃娃就诞生了！

我的 iPad 穿牛仔

材料准备：旧牛仔裤、剪刀、针线、硬纸板

① 剪两块与 iPad 同样大小的硬纸板。

② 剪一块牛仔布片，布的大小比两块纸板拼在一起稍大一些。

③ 再剪两块比纸板稍大的牛仔布片。

④ 把牛仔裤上的装饰剪下来，并把布的边缘撕成流苏。

⑤ 把处理好的小装饰缝在大布片右侧。

⑥ 把大布片和两块小布片按图中所示摆放然后缝边，注意牛仔布的正面要朝向内侧哦！

7 把缝好的布套翻过来。

8 把两块硬纸板分别插入布套两侧的小口袋中。

9 剪一块长条牛仔布，对折后缝边做成布绳。

10 把牛仔布绳按图中的样子固定，然后将 iPad 插进去。

11 把牛仔裤上的装饰扣剪下来。

12 把装饰扣缝在 iPad 套的下面。

13 在装饰扣相对的另一面缝上一个布条环扣，你就可以把 iPad 套扣起来了。（小提示：注意布条环扣的长短要适当，要能套住扣子哦！

14 用丙烯颜料画出自己喜欢的图案，复古的 iPad 牛仔套就完成了。